疯狂的十万个为什么系列

小笨熊

这就是数理化 ⑫

崔钟雷　主编

化学：酸·碱·盐

黑龙江美术出版社

杨牧之 国务院批准立项 国家重大出版工程 《中国大百科全书》总主编

1966年毕业于北京大学中文系，中华书局编审。曾经参与创办并主持《文史知识》（月刊）。1987年后任国家新闻出版总署图书司司长、副署长。第十届全国人大代表、教科文卫委员会委员。现任《中国大百科全书》总主编、《大中华文库》总编辑、《中国出版史研究》主编。

崔钟雷主编的"疯狂十万个为什么"系列丛书、百科全书系列丛书，是用中国价值观、中国人喜闻乐见的形式，打造的送给孩子们的名家彩绘版科普读物。我祝贺它们的出版。

杨牧之
2018.1.9
北京

编委会

总　顾　问：杨牧之

主　　　编：崔钟雷

编委会主任：李　彤　　刁小菊

编委会成员：姜丽婷　　贺　蕾
　　　　　　张文光　　翟羽朦
　　　　　　王　丹　　贾海娇

图书设计：稻草人工作室

目录

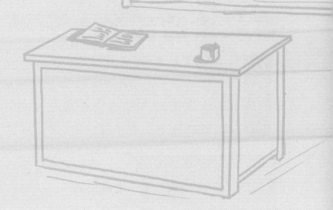

为什么有的水果尝起来酸酸的？

实验

水果的酸味来源于所含的有机酸——苹果酸、柠檬酸等。不同水果的味道酸甜各异是由于酸糖比例不同或酸的种类具有差异。

我们是酸碱兄弟。

我们虽然长得很像，性格却完全不同。

我们出来比试一番。

巅峰对决！

我们对决的时候，会产生许多有趣的现象和反应。

你知道吗？

酸的传统定义是：当溶解在水中时，溶液中氢离子的浓度大于纯水中氢离子的浓度的化合物。碱通常指的是溶液能使特定指示剂变色的物质，其水溶液的 pH 值大于 7。

5

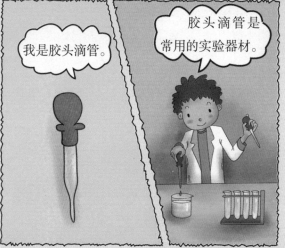

实验结束后，要将废渣倒进废液缸，并清洗试管。

实验器材及药品要放回规定的位置。

切记！切记！

实验室里的器材和药品都必须按照一定的规则来摆放。

疯狂的小笨熊说

有机物和无机物要分开放，液体试剂与固体试剂分柜存放，易燃易爆和有毒试剂千万要小心保存，仪器一般平放。

记得在分辨完我们后，要及时清理我们的大家园——实验室！

紫罗兰变色是谁发现的？

碱除了能使指示剂变色外，还能溶解油类和硫黄，具有与酸对抗和破坏酸的能力。

桌子上有一堆粉末儿，真碍事儿，我要把它移走。

惊！

小心被腐蚀！

对不起，爷爷，我错了！

实验室是很危险的，不可以直接用手拿药品，有些酸和碱会腐蚀人体，要小心。

疯狂的小笨熊说

指示剂是化学试剂中的一类，人们常用它检验溶液的酸碱性。不同的指示剂在不同的酸碱环境下呈现不同的颜色。

我是紫色石蕊试液，我遇酸变红，遇碱变蓝。

紫色石蕊

我是无色酚酞试液，我遇酸不变色，遇碱变红。

无色酚酞

罗伯特·波义耳，英国化学家，近代化学的奠基人，制成了实验中常用的酸碱试纸——石蕊试纸。

疯狂的小笨熊说

1661年，波义耳所著的《怀疑派化学家》出版，对化学发展产生重大的影响，革命导师马克思、恩格斯誉称"波义耳把化学确立为科学"。

剩下几瓶盐酸，我要把它倒进小玻璃瓶里。

不好！盐酸甩到了花瓣上！

盐酸会腐蚀我心爱的紫罗兰，我得用清水把它洗一下。

在正常的气温和一个大气压的条件下，绝大部分植物在接触到酸或碱后都会变色，尤其以一种叫"石蕊"的从地衣植物中提取的浸液最为明显。

花朵中有一种成分和盐酸发生了化学反应，那么这种成分是什么物质呢？其他物质是否也会发生这样的反应？

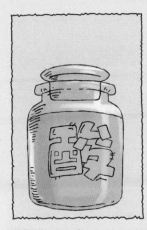

常见的酸有盐酸和硫酸,常见的碱有氢氧化钠、氢氧化钾、氢氧化铜等。

稀释浓硫酸时,不可以将水直接倒入浓硫酸中。

否则,就会变成我这样。

水的密度较小,浓硫酸溶解时放出大量的热,水会立即沸腾,使硫酸液滴向四周飞溅,这是非常危险的,大家千万要注意!

我们能够自由移动传递电荷,起到了导电的作用。

离子

你要做什么实验就做吧,我在后面给你提示。

太棒了!

酸碱中和反应的原理是什么？

中和反应

中和反应是酸和碱作用生成盐和水的反应，其实质是酸中的氢离子和碱中的氢氧根离子结合生成水分子。

我被蚊子咬了好几个包，太痒了。

有没有什么办法能止痒啊？

别着急，我给你涂点儿肥皂水就不痒了。

我能分泌蚁酸，所以，当你被蚊虫叮咬以后可以在患处涂抹碱性的药水。

疯狂的小笨熊说

蚊虫叮咬人之后会在人体内分泌酸性物质，而肥皂水是呈碱性的，两者正好中和，这就是中和反应在生活中的应用。

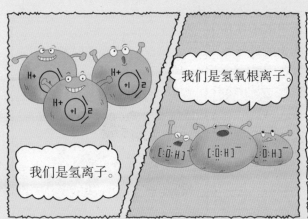

中和反应是酸和碱作用生成盐和水的反应，但是生成盐和水的反应不一定是中和反应！

疯狂的小笨熊说

酸和金属氧化物发生反应，还有碱和非金属氧化物发生反应，生成的都是盐和水。但是这些化学反应并不是中和反应。

利用中和反应可以调节土壤的酸碱度。

利用中和反应还可以处理工厂的废水。

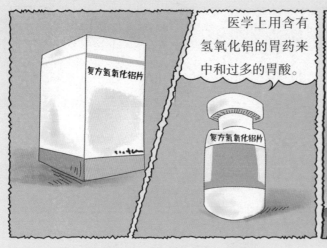

医学上用含有氢氧化铝的胃药来中和过多的胃酸。

吃面的时候加点儿醋，味道会更好。

酸碱度用 pH 值表示，pH 范围为 0~14。

pH<7，溶液呈酸性，pH 值越小，酸性越强。

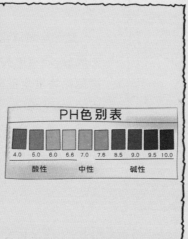

pH>7，溶液呈碱性，pH 值越大，碱性越强。

中和反应的应用：1.改良土壤的酸碱度；2.处理工厂的废水；3.用于医药；4.调配食物。

你抢了我的台词!

雨、雪等在形成和降落过程中,吸收并溶解了空气中的二氧化硫、氮氧化合物等物质,形成了 pH 值低于 5.6 的酸性降水。

雨还有酸的吗?是柠檬口味的吗?

酸雨可不是柠檬味儿的雨,酸雨是指 pH 小于 5.6 的雨、雪或其他形式的降水。

在化学王国里,还有很多有趣的现象。

让我们不断地探索前进,去学习更多的知识吧。

化学

盐是由什么构成的？

盐　盐是指一类组成里含有金属离子(或铵根离子)和酸根离子的化合物。

老板，麻烦给我拿点儿盐。

这是您要的盐。

盐和食盐是有区别的。

盐包含食盐，并且食盐属于盐。食盐能吃，而盐不一定能吃。食盐一定是盐，而盐不一定是食盐。

疯狂的小笨熊说

生活中常见的盐有氯化钠、碳酸钠、碳酸氢钠和碳酸钙，它们都是白色固体，其中，除了碳酸钙难溶于水，其他三种都易溶于水，并且它们都有自己的俗称和用途。

当硝酸银（AgNO₃）遇到稀盐酸（HCl）时，会发生什么？

我们会发生复分解反应。

我们是一个庞大的家族。

盐
正盐　酸式盐　碱式盐　复盐
金属离子　非金属离子　酸根离子　氢离子　氢氧根离子

想知道盐溶解性口诀吗？赶快翻开我看看吧。

盐溶解性口诀

盐按照溶解性可以分为可溶性盐和不可溶性盐，盐的溶解性有一个口诀：钾、钠、铵盐溶水快，硫酸盐除去钡、铅、钙；氯化物不溶氯化银，硝酸盐溶液都透明；口诀中未有皆下沉。

老板太热情了，我得先跑了。

老板，我有急事先走了，下次再聊！

稍等，我上完菜继续和你说。

碳酸根
呈酸性还是碱性？

碳酸根

碳酸根是一种弱酸根，在水中很容易水解产生碳酸氢根离子和氢氧根离子，从而使水偏向碱性。

我是氧元素。

我是碳元素。

它们是我的爸爸妈妈，我一出生就自带两个阴离子。

我是带正电的钠离子。

我经常和钠离子、氢离子等带正电的小伙伴玩耍。

我们可以组成各种各样的化学式。

 你知道吗！

碳酸根为带两个负电荷的阴离子。碳酸钠、碳酸氢钠和盐酸溶液混合，会产生无色无味的气体。

钠离子十分喜欢新来的盐酸（HCl）同学，但是我才不会和它一起做游戏呢！

你好！

我们一起做游戏吧！

用面粉制作馒头时，发酵后一定要记得往面粉里加一些纯碱（碳酸钠），这样做出来的馒头才会松软好吃。

所以我们会让馒头变得松软好吃！

加热时，碳酸钠里面的碳酸根变成了二氧化碳，在面粉里钻出了很多的孔，飞走了。

我真的生气了！后果很严重！

哈哈哈！

我们才不信哪！

疯狂的小笨熊说

在碳酸钠溶液中，有两个钠离子，它们带了两个阳离子，和碳酸根的阴离子中和，所以，碳酸钠溶液不带电，不会让我们触电。

检验碳酸根或碳酸氢根是否存在的步骤如下：

为什么未成熟的苹果又酸又涩？

成熟的水果又甜又香，但是未成熟的水果又酸又涩，是因为在这个阶段，果实累积了很多有机酸，比如苹果酸、柠檬酸、酒石酸等。这些有机酸在不同的水果内，其成分和含量是不一样的，通常在未成熟的水果中含量较大。有机酸在果实成熟的过程中，有些被碱性物质等中和，形成有机酸的钾盐和钙盐，其酸味就会有所减弱；还有一部分由呼吸作用氧化成二氧化碳和水，或者转化为糖，这样水果在成熟的过程中就会变甜。

▲ 未成熟的苹果含有有机酸，尝起来又酸又涩。

胃酸

胃酸指胃液中的分泌盐酸。人的胃是持续分泌胃酸的，且呈昼夜变化，入睡后几小时达到高峰，清晨醒来之前较低。当食物进入胃中时，胃酸即开始分泌。胃在排空时 pH 值约在 7.0 ~ 7.2，当食团进入胃中时，pH 值可降达 2~3。

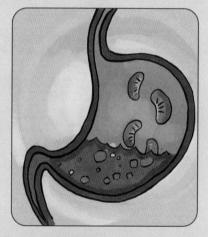

▲ 胃是人体的消化器官。

生理盐水的作用

　　如果细心便会发现，医生在给病人输液的时候经常会点一种名为"NaCl"的溶液，学过化学的朋友很好奇，这不是食盐的成分吗？怎么变成药了？没错，它就是医学上的"生理盐水"。

　　生理盐水，又称为"无菌生理盐水"，是指生理学实验或临床上常用的渗透压与动物或人体血浆的渗透压基本相等的氯化钠溶液。配比浓度一般为0.9%，发烧的人点生理盐水，是因为发烧的时候人体体温偏高，丢失的水分增加，所以要补充水分和电解质，摄入生理盐水，利于排汗，降低体温。除此之外，生理盐水对代谢性的碱中毒治疗也有效果。

▲ 人体的正常体温平均在36℃～37℃。

图书在版编目(CIP)数据

小笨熊这就是数理化. 这就是数理化. 12 / 崔钟雷
主编. -- 哈尔滨：黑龙江美术出版社，2021.4
（疯狂的十万个为什么系列）
ISBN 978-7-5593-7259-8

Ⅰ. ①小… Ⅱ. ①崔… Ⅲ. ①数学－儿童读物②物理
学－儿童读物③化学－儿童读物 Ⅳ. ①O-49

中国版本图书馆 CIP 数据核字（2021）第 058178 号

书　名 / 疯狂的十万个为什么系列
FENGKUANG DE SHI WAN GE WEISHENME XILIE

小笨熊这就是数理化　这就是数理化 12
XIAOBENXIONG ZHE JIUSHI SHU–LI–HUA
ZHE JIUSHI SHU–LI–HUA 12

出 品 人 / 于　丹
主　　编 / 崔钟雷
策　　划 / 钟　雷
副 主 编 / 姜丽婷　贺　蕾
责任编辑 / 郭志芹
责任校对 / 徐　研
插　　画 / 李　杰
装帧设计 / 稻草人工作室
出版发行 / 黑龙江美术出版社
地　　址 / 哈尔滨市道里区安定街 225 号
邮政编码 150016
发行电话 / (0451)55174988
经　　销 / 全国新华书店
印　　刷 / 临沂同方印刷有限公司
开　　本 / 787mm×1092mm　1/32
印　　张 / 9
字　　数 / 300 千字
版　　次 / 2021 年 4 月第 1 版
印　　次 / 2021 年 4 月第 1 次印刷
书　　号 / ISBN 978-7-5593-7259-8
定　　价 / 240.00 元（全十二册）